화장실 익스프레스

병구꽃이 피었습니다

1판 1쇄 발행
2025년 1월 20일

지은이 김원섭, 고선아 | **발행처** 도서출판 혜화동
발행인 이상호 | **편집** 이희정
주소 경기도 고양시 일산동구 위시티3로 111, 202-2504
등록 2017년 8월 16일 (제2017-000158호)
전화 070-8728-7484 | **팩스** 031-624-5386
전자우편 hyehwadong79@naver.com

ISBN 979-11-90049-48-1 (74400)
ISBN 979-11-90049-47-4 (세트)

* 책값은 뒤표지에 있습니다.
* 잘못된 책은 바꾸어 드립니다.

무서운 과학책
변기박사 편

화장실 익스프레스

똥구꽃이 피었습니다

김원섭, 고선아 지음

혜화동

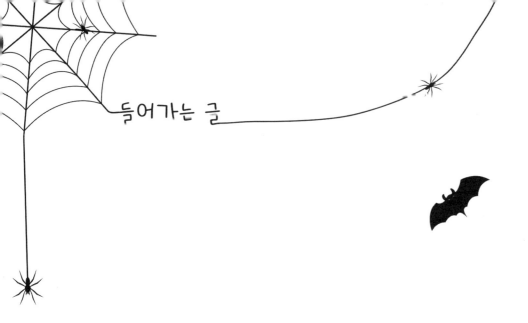

들어가는 글

'화장실'이란 단어를 들으면 여러 가지 생각이 떠오릅니다. 냄새나고 지저분한 느낌도 있지만, 왠지 부끄럽기도 하고, 차갑고 무섭기도 하지요. 다르게 생각해 보면 화장실은 멀티버스 세상과도 같습니다. 바깥과 다른 세상, 뭔가 새로운 곳으로 데려다줄 수 있는 그런 공간일 수 있습니다.

한편 과학은 그런 새로운 시간과 공간으로 이동해을 때, 벌어진 문제를 해결해 줄 수 있는 열쇠 같은 존재입니다. 상상력은 이야기를 만들어 내고, 과학 원리는 만들어 낸 이야기 속에서 정답을 적을 수 있게 해 줍니다.

'화장실 익스프레스'에서 나온 에피소드는 모든 친구들과 나의 이야기입니다. 종이꽃을 피운 병구도, 치카치카강을 건넌 상연이도 모두 우리 친구이자 나의 모습입니다. 이야기에 푹 빠져서 함께 문제를 해결하다 보면 어느새 새롭게 변한 자기 모습을 볼 수 있을 거예요. 에피소드 마지막에 있는 과학실험은 누구나 쉽고 재미있게 할 수 있도록 꾸몄습니다. 평소에 과학실험을 잘하지 못했던 친구들도 쉽게 할 수 있어요.

머리로 이야기를 그리고, 손으로 과학실험을 만지다 보면, 어느새 화장실이 아주 많이 신기하고 재미있는 곳이라고 생각할 겁니다. 이제 자신 있게 화장실 문을 열어 보세요.

차례

에피소드 #1

병구꽃이 피었습니다

"5, 4, 3, 2, 1. 땡!"

학교가 끝나기만 기다렸던 건 병구만이 아니다. 수민과 양희도 단거리 레이싱을 펼쳤다. 결승점은 디에스24 편의점.

"정말이지? 오늘 몬스테라 들어오는 거 맞지?"

수민이 서른한 개, 양희 서른세 개.

병구는 아직 스물아홉 개 떼부씰을 모았다. 새로운 아이템 하나만 더 모으면 병구도 이제 누구나 인정하는 몬스테라 삼십빵에 들어간다. 결승점에 먼저 들어온 건 역시 병구. 편의점 진열대에는 누가 봐도 방금 들어온 몬스테라 빵이 아름답게 놓여 있었다.

"두 개 이상 안 되는 거 알지~."

아르바이트생 누나 목소리가 오늘따라 얄밉게 들리지만 어

"앗싸!
호박 사탕 피칸몽~!"

쩔 수 없는 편의점 국룰이다. 신중하게 두 개 선택 완료. 이제 봉투를 찢고 신씰에 당첨이 되기만을 기다리는 순간이다.

"앗싸! 호박 사탕 피칸몽~!"

이것으로 병구도 확실히 삼십빵이 되었다. 게다가 서른 번째 떼부가 피칸몽이라니. 집으로 가는 길이 이렇게 신난 적은 생일 다음으로 처음인 것 같았다.

"오~, 장미네~. 아직도 꽃도 안 피고 뭐 했니~."

병구는 평소처럼 담장 옆에 핀 장미꽃을 꺾었다. 아직 피기 전이라 봉오리가 입을 꾹 다물고 있었다.

"내가 꽃 피게 해 줄게~, 하나, 둘, 셋."

꽃잎을 하나씩 벌려서 떼어 내었다. 아직 덜 자란 꽃잎이 하나씩 병구의 발걸음에 맞춰 땅에 떨어졌다. 꽃잎이 다 떨어지기도 전에 병구 배에서 신호가 왔다. 허겁지겁 먹었던 몬스테라 때문인지 갑자기 배가 아파졌다. 꾸룩꾸룩.

"아…, 왜 이러지?"

잘못하면 길가에서 큰 사고라도 칠 것처럼 갑자기 배가 아팠다. 병구는 편의점으로 달릴 때보다 더 빨리 뛰었다.

"아, 저기 화장실이 있….."

일단 보이는 건물로 무조건 뛰어 들어갔다. 병구는 이제 말도 못할 정도까지 갔다. 마침 건물 구석에는 문제를 해결해 줄 결승점이 보였다. 뛰자! 어쩌면 여자 화장실이었을지도 모르겠지만 이 상황에 그걸 따질 때인가. 아마 1초만 늦었어도 평생 기억에 남을 사고를 쳤을 거다.

"휴…, 살았다."

식은땀을 흘리며 뛰어온 시간보다 해결한 시간은 너무 한순간이었다. 그런데 문득 정신없이 뛰어오느라 뭔가 잃어버린게 있는 것 같았다. 휴대전화는 지금 들고 있고, 가방은 화장실 바닥에 던져 놓았고….

"악! 내 피칸몽!!!"

분명히 주머니에 넣었는데, 없다. 정신없이 뛰어올 때 흘린 건가. 혹시 변기 속으로? 병구는 정말 싫었지만 변기 안을 들여다봤다. 다행히 없었다. 그리고는 변기 물을 재빨리 내렸다. 빨리 뛰쳐나가려고.

그런데 이게 무슨 상황일까. 갑자기 변기가 흔들거리더니 어디론가 빨려 들어가는 느낌이 들었다. 일어나려고 해도 엉덩이가 변기에서 떨어지지 않았다. 3초 정도(?) 당황했지만 그게 문제가 아니다. 호박 사탕 피칸몽을 잃어버린 게 더 큰일이니까. 병구는 대충 바지를 입고, 대충 가방을 걸쳐 들고 화장실 문을 열었다.

"화장실 익스프레스~~~"

"앗, 눈부셔."

화장실 문을 열자 뭔가 번쩍거리며 앞이 밝았다. 눈을 뜨지 못하고 고개를 돌렸다.

"뭐지…."

무슨 일이 일어난 걸까. 피칸몽을 잃어버려서 너무 놀란 나머지 정신도 놓아 버린 걸까. 그렇다고 하기에는 너무 생생하게 뭔가 보인다.

"뭐야 저게…."

밝은 빛이 점점 사라지더니 뭔가 한둘씩 나타나기 시작했다. 붉은색 항아리처럼 보이는 것은 거대한 꽃봉오리였다. 가운데에는 다른 부분과 색깔이 다른 흰색 둥근 무언가가 나타났다. 하얗고 둥근 얼굴에 팔다리가 달려 있었다. 생각해 보니 변기를 덮는 뚜껑과 비슷했다.

"뭘 그리 쳐다봐? 그래 맞다. 네가 생각한 대로 난 뚜껑 용사다. 절대변기를 지키는!"

용사는 뭐고, 절대변기는 또 뭔가.

"뭐…, 그렇다 치고…. 이거 꿈인 거야? 난 그냥 배 아파서 화장실 갔다가 볼일 보고 나온 것뿐인데."

병구는 억울하다는 표정을 지으며 하소연을 했다.

"세상은 병구 네가 알고 있는 것보다는 훨씬 넓지. 공간뿐만 아니라 시간도, 생각도, 감정도 모두 다른 세상으로 연결돼 있지. 마음에 틈이 생기면, 그 세상이 나타날 수 있는 거야. 너처럼 운 좋게 화장실 익스프레스를 타면 말이지."

조금은 알 것 같았다. 병구가 사는 공간 세상 말고 두 감정 세상이나 시간 세상이 존재한다는 뜻이다.

그 통로를 이어 주는 건 화장실 익스프레스. 마치 블랙홀이나 화이트홀 같은 이야기라고 병구는 생각했다.

"그…, 그래서. 내가 뭘 하면 되는데? 난 내 세상으로 돌아가고 싶어."

"왜 돌아가야만 하지?"

뚜껑용사가 물었다.

"왜긴. 내 소중한 것들이 거기 다 있으니까. 엄마 아빠도, 친구들도, 그리고 피칸몽도….."

"소중한 것들이라고? 그래. 여기를 봐….."

주변에는 아직 꽃을 피우지 못한 꽃봉오리가 가득했다. 가만히 보니 모두 줄기는 없고 봉오리만 남아 있었다.

"누군가 꺾어 버린 꽃봉오리들의 무덤이야. 사람들이 하나씩 꺾어 버릴 때마다 하나씩 만들어지지. 병구 네가 했던

것처럼 말이야."

그러고 보니 봉오리가 하나 또 늘었다. 이제 남은 자리도 별로 없었다. 무덤이라고 해서 그런지 왠지 봉오리들은 슬픔이 가득해 보였다.

"모두 채워지면 이곳은 가라앉게 될 거야. 그러면 절대변기에 또 상처가 생기게 되지. 결국 절대변기는 금이 가고 깨지고 말 거야. 그러면 네가 말하는 소중한 것들도 모두 잃겠지."

뚜껑용사의 말에 병구는 깜짝 놀랐다. 길에 핀 꽃을 그냥 꺾어 버린 게 다른 세상에서 이렇게 큰일이 되어 돌아올 줄은 꿈에도 몰랐다.

"어떻게 하면 되지? 절대변기를 지킬 방법이 있는 거야?"

병구가 소리쳤다.

"꽃봉오리가 다시 꽃을 피우면, 무덤에서 사라지게 돼. 공간이 남아 있으면 무덤은 가라앉지 않아."

피지 못한 꽃을 피우는 방법이 무엇일까? 병구는 꽃을 뜯어 버리기만 했지 꽃을 피우게 할 생각은 한 번도 해 본 적이 없다.

"꽃을 피우는 방법이라···."

가만히 꽃봉오리를 들여다보니, 모두 종이로 돼 있었다. 진짜 꽃봉오리가 아니라 종이로 만들어진 꽃봉오리.

"종이, 종이라···."

병구는 무슨 생각이 떠올랐는지 꽃봉오리를 하나 따서 번쩍 들었다.

"뭐, 뭐 하는 짓이야. 너희 세상에서 했던 것처럼 꽃봉오리를 또 따서 버릴 셈이야?"

뚜껑용사는 화가 머리 뚜껑까지 꽉 차올랐다.

"종이는 물을 흡수하잖아. 그러면 종이가 펴진다고 들었어. 꽃봉오리를 연못에 담그면 꽃이 다시 피어날지도 몰라!"

병구는 다시 달리기를 시작했다. 띠부씰을 사러 편의점으로 달려갈 때보다, 아픈 배를 안고 화장실로 달려갈 때보다 더 빨리 달렸다.

"시간이 없어. 무덤이 모두 다 차기 전에 꽃을 피워야 해!"

연못에 도착한 병구는 꽃봉오리를 물 위에 올려놓았다.

종이는 물을 흡수해. 종이는 나무로 만드는데,

나무에는 섬유질이라는 아주 미세한 물질로

구성되어 있어서 굉장히 가느다란 틈이 생기지.

틈 사이로 들어간 물은 모세관 현상으로 인해

종이 전체로 퍼지는데, 그러면서 종이가

펴지게 되는 거야.

"제발…, 꽃을 피워 줘."

나지막이 기도하듯 혼잣말로 속삭였다.

"어? 정말 꽃이 핀다!"

헉헉대며 뒤따라온 뚜껑용사가 외쳤다.

"오! 꽃이 피기 시작했어. 이제 다른 꽃들도 모두…."

병구 말이 끝나기도 전에 뭔가 바닥으로 쑥 들어가는 느낌이 들었다. 이미 늦은 건가. 마치 지진으로 인해 땅이 꺼진 것처럼 심하게 흔들리면서 가라앉았다.

"아…, 안 돼~!"

병구는 뭐라도 잡으려고 손을 휘저었다. 뭐가 잡혔는지는 모르겠지만 손에 잡힌 걸 꽉 쥐었다.

"어이, 거기 무슨 일 있어요?"

목소리가 들려왔다. 지진도 멈췄고 바닥으로 떨어지는 느낌도 멈췄다. 그래도 병구는 숨은 가쁘게 몰아 쉬고 있었

고, 왼손은 휴지 걸이를 꽉 잡고 있었다. 아식 바지도 올리

지 않고 변기에 앉은 채.

"휴…, 돌아왔어."

병구는 화장실 문을 열었다. 밖은 평상시와 다름없었다.

"꿈인가…."

다시 뛰어온 길을 되돌아 걸었다. 얼마나 걸었을까. 장미

꽃 담장이 눈에 띄었다. 거기에는 꺾여 없어진 줄기가 덩그

러니 있었다.

"꽃봉오리 무덤….'

아마도 그곳으로 갔을 거라는 생각이 들었다. 줄기 아래

쪽 바닥에는 떼어 버린 꽃잎이 앙상하게 말라 있었다. 그리

고 마른 꽃잎 사이로 반짝거리는 무엇인가가 보였다.

"너, 거기 있었구나!"

병구가 꽃잎과 함께 떨어진 떼부씰을 한 장 주웠다. 호박

사탕 피칸몽.

"미안해 … ."

다른 세상이 있는 것처럼 소중한 것도 모두 다르다. 병구
는 땅에 떨어진 꽃잎을 모아 땅에 묻어 주었다. 소중하게.

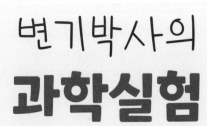

변기박사의
과학실험

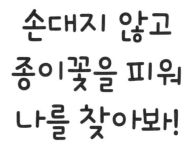

손대지 않고
종이꽃을 피워
나를 찾아봐!

 꽃봉오리를 구한 병구처럼
종이꽃을 피워 보자!
단, 손으로 종이꽃을 펼치지 않고
다른 방법을 찾아보자.

준비물

종이, 가위, 그릇, 물

활동1 미션 I 도안을 준비하고 꽃 모양으로 자른다.

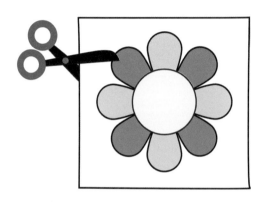

가위로 종이를
자를 땐 손을
조심해야 해!

활동 2 자른 꽃잎을 잘 접어 둔다.

하나하나
정성스럽게
접어 주세요~.

활동 3   그릇에 물을 담아 준비한다.

세면대 ○
변기는 X

활동 4   그릇 물 위에 종이꽃을 띄운다.

활동 5 실험 성공! 가만히 관찰하고 있으면 종이꽃이
스스로 꽃을 피운다.

오오오~,
꽃이 핀다!

왜? 종이꽃이 스스로 피어날까?

어떤 원리일까?

물질 사이에는 서로 끌어당기는 힘이 있어요.

이것을 인력이라고 하는데, 물분자가 서로 끄는 힘을 응집

력이라고 하고, 물분자와 다른 물질이 서로 끌어당기는 힘

을 부착력이라고 해요.

물이 좁은 틈으로 들어가면 응집력과 부착력이 작용하면서

계속 틈을 따라 들어가게 돼요. 종이가 물을 흡수하는 원리가 바로 이런 응집력과 부착력의 작용 때문인데, 이런 현상을 모세관 현상이라고 한답니다.

종이를 크게 확대해 보면 틈이 아주 많이 있어요. 이런 틈을 따라서 물은 계속 흡수되고, 흡수된 물로 인해서 구겨진 종이는 원래 상태로 펴지게 되는 것이지요. 흡수를 얼마나 빨리하느냐에 따라서 종이꽃이 피는 속도는 달라져요.

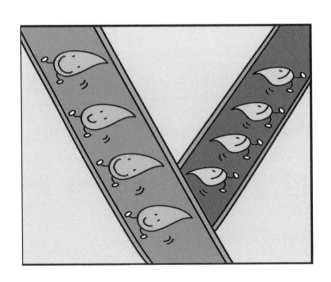

화장실 미션 1

꽃을 피워 보자! 무엇이 숨어 있을까?

자르는 선

일곱 색깔 검은 무지개

"그게 말이 되냐?"

피터는 시은이 말이라면 일단 고개부터 절레절레 흔든다.

"네가 뭘 알아. 진짜라니까, 어렸을 적에 우리 농장에서 다 봤다니까."

시은이도 절대 지지 않는다. 2년 전에 전학 온 시은이는 프랑스에서 태어났다. 아빠는 세네갈 출신 프랑스인이고, 엄마는 한국인이다. 시은이는 누가 봐도 외국인이다. 검은 피부 때문에 다른 사람 눈길이 신경 쓰이기도 하지만 아무렇지 않은 듯 늘 당당하고 꿋꿋하다.

"빨주노초파남보, 일곱 색깔 무지개. 노래도 있잖아. 어떻게 흰색 무지개가 있냐?"

하늘 얘기에 더 민감한 건 피터 아빠가 천문학자이기 때문이다. 목성을 너무 좋아해서 아들 이름도 주피터라고 지었다고 하니까.

"내가 봤다니까, 분명히 무지개가 흰색이었다고."

"말도 안 돼. 네 눈엔 모두 흑백으로 보이는 거 아냐?"

"뭐라고? 말 다 했어? 그럼 넌 모두 노란색으로 보이냐?"

피터와 시은은 서로 화가 나서 하지 말아야 할 말까지 해 버렸다. 피부 색깔이 다르다고, 문화가 서로 다르다고 차별해서는 절대 안 된다는 담임 선생님 말씀은 이미 교실 밖으로 던져 버린 지 오래다.

"너 지금 말 다했냐?"

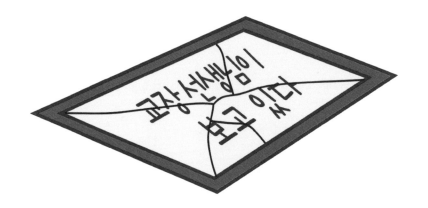

　　너무 화가 난 시은이가 필통을 집어던졌다. 손에서 미
끄러진 필통은 교실에 걸려 있던 급훈 액자 모서리를 정
확하게 맞혔다.

"퍽", "착", "와장창"

　　희한한 소리와 함께 액자가 바닥에 떨어져 깨졌다.
　　"교장 선생님이 보고 있다"라는 급훈이 오늘따라 더
선명하게 보였다.
　　"누가 이렇게 교실에서 떠드는 거야?"

액자에 블루투스 장치라도 달린 건지 교장 선생님 목소리가 복도 끝부터 달려왔다. 피터와 시은이는 교실을 뛰쳐나와 달렸다. 약속이나 한 듯 둘 다 화장실로 달려가 문을 잠갔다.

"아…, 이런 게 아닌데…."

후회해도 이미 벌어진 일이었다. 피터는 머리카락을 쥐어뜯었다. 속상한 시은이는 화장실에서 그저 엉엉 울었다.

너무 울어서인지 밖에는 아무 소리가 들리지 않았다. 갑자기 학교의 모든 사람이 사라진 것처럼 아무 소리가 들리지 않았다. 그러더니 갑자기 환한 빛이 사방에 나타나기 시작했다.

'쿠르르르르~~'

엄청난 소리가 나더니 시은이와 피터는 동시에 어디론가 빨려 들어갔다.

"화장실 익스프레스~!!"

"으아아아아~~~~"

얼마나 지났을까. 눈을 못 뜰 정도로 환했던 빛은 사라져 버렸다. 시은이는 화장실 문을 열었다. 반대편 남자 화장실에 있던 피터도 동시에 화장실 문을 열었다. 학교에는 아무도 없는 것처럼 조용하고 컴컴했다.

"무…, 무슨 일이지?"

피터가 화장실에서 조용히 나오는 시은이와 마주쳤다.

"지진이라도 난 거야? 모두 어디 갔지?"

교실로 들어온 시은과 피터는 깜짝 놀랐다. 모든 게 흑백이었다. 의자도 책상도 교실도 모두 흑백이었다.

"이게 말이 돼?"

피터가 교실 창문을 열어 보았다. 시은이는 깜짝 놀랐다.

"모두 흑백이야! 건물도 하늘도…."

더 신기한 건 아까 떨어져서 깨졌던 급훈 액자가 멀쩡

하게 벽에 붙어 있었다. 그때였다. 스피커에서 안내 방

송이 들렸다.

"각 반에 있는 학생들에게 알립니다.

각 반에 걸려 있는 급훈에 따라

행동해 주시기 바랍니다."

이건 또 무슨 상황인가. 시은과 피터는 어리둥절했다.

"어? 저것 봐!"

급훈 액자는 마치 디지털 화면처럼 글자가 바뀌었다.

"일곱 색깔 무지개처럼 활짝 웃자"

"일곱 색깔 무지개?"

또 다른 액자에는 검은색 무지개가 있었다. 시은이와
피터가 뭘 어쩌라는 거냐는 표정으로 서로 마주 보고
있을 때 다시 방송 안내가 나왔다.

"그래. 밖에 있는 검은 무지개에 색깔을 찾아 줘야 해. 그렇지 않으면 아마 검은 먹구름이 너희를 모두 집어삼킬 거야."

피터가 창밖을 보니 아까는 보이지 않았던 거대한 현수막이 학교 건물에 걸려 있었다. 현수막에는 거대한 무지개 그림이 있었다.

"저건가 봐. 검은 무지개!"

"그래, 검은 무지개를 일곱 색깔로 칠하라는 것 같은데?"

저 멀리에서는 교내 방송 얘기대로 시커먼 먹구름이 점점 다가오고 있었다.

"어떡하지? 어떡하지?"

피터는 어쩔 줄 몰라 했다. 시은이도 방법이 없긴 마찬가지였다.

"물감으로 색칠해 볼까? 아니면 색연필?"

피터는 학교 사물함을 열어 물감을 찾았다.

"헉…! 물감도 모두 검은색이야."

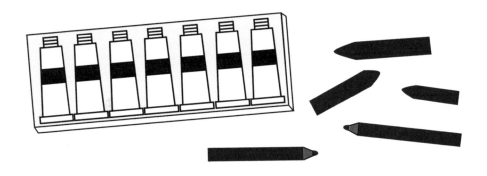

물론 색연필도, 사인펜도 모두 검은색이었다. 생각보다 먹구름은 빨리 학교로 다가오고 있었다. 세상은 검정으로 빠르게 칠해져 갔다.

"이제 5분도 안 남았다."

야속한 교내 방송은 깐족거리듯 계속 스피커를 통해 흘러나왔다.

"그래! 무…, 물을 붓자!"

시은이가 갑자기 생각났는지 소리치듯 말했다.

"물? 마시는 물 말이야?"

과학 실험 시간에 했던 기억이 떠올랐다. 물이 종이를 따라 흡수되면 사인펜으로 그려 놓은 점에서 여러 가지 색깔이 나왔던 바로 그 실험. 피터와 시은이는 화장실로 달려가서 변기 뚜껑을 열어 봤다.

"오! 이것 봐. 물은 색깔이 없잖아. 물은 물 그대로 투명해!"

"그런데 물을 어떻게 그림에 뿌리지?"

피터와 시은이는 화장실과 복도를 뛰어다니면서 물을 뿌릴 바가지나 호스 같은 걸 찾았다.

"아! 저거다!"

시은이가 발견한 건 복도 한가운데에 놓인 소화전이었다. 한 번도 사용해 보진 않았지만, 뉴스나 영화 같은

소
화
전

데에서 본 것 같았다.

"호스를 들고 뛰어!"

시은이 말에 피터는 호스를 들고 뒤도 안 돌아보고

밖으로 뛰었다. 검은 먹구름은 거의 학교까지 다가온

상태였다. 운동장 끝부분이 이미 검게 변하고 있었다.

"물 튼다!"

시은이는 소화전에 있는 밸브를 돌려 열었다. 호스가
꿀렁거리면서 물이 쏟아졌다. 물살이 하도 세서 피터가
호스를 놓칠 뻔했다.

"무지개에 직접 뿌리면 안 돼!
아래 종이에 뿌려야 해!"

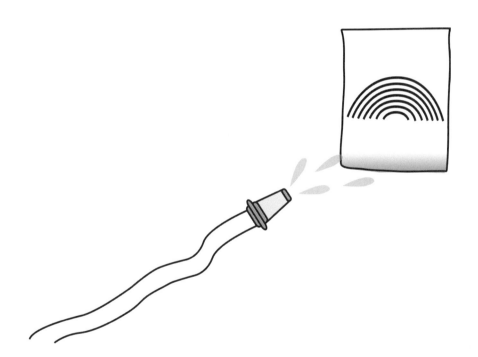

피터는 다시 호스를 잡고 조절했다. 하마터면 무지개에 물이 닿을 뻔했다. 먹구름은 이제 거의 피터 앞까지 다가왔다.

"제발…."

피터와 시은이는 기도하듯 속삭였다.

"어! 나타난다!"

피터가 뿌린 물은 검은 무지개를 지나 더 위로 올라갔다. 종이를 타고 올라간 물은 검은 무지개를 번지게 했다.

"오오~. 나타난다! 노란색인가? 주황색 같기도 하고."

아주 조금씩이지만 분명히 색깔이 나타나기 시작했다. 온통 흑백인 세상에 한 줄기 빛처럼 다른 색깔이 나타나기 시작했다.

"저것 봐! 어둠이 사라지고 있어!"

　검은 무지개에서 색깔이 나타나는 것과 동시에 먹구름에 가렸던 세상도 조금씩 색깔을 찾아가기 시작했다.

　"그래! 하하, 세상은 이렇게 아름다운 색깔이었다고!"

　피터가 웃고 있는데 주변이 점점 환해졌다. 환한 빛은 금방 사방에 가득 찼다.

"그러니까, 뭐가 그렇게 아름답냐고! 정신이 드니? 한참 찾았잖아!"

하얀빛이 사라지자 피터의 눈에는 거대한 몸집을 한 교장 선생님이 가득 찼다.

"어? 교장 선생님."

피터는 화장실 변기에 앉아서 눈을 떴다.

"검은 무지개는요? 먹구름은 다 갔나요?"

피터는 화장실을 뛰쳐나와서 창밖을 내다봤다. 밖에는 수만 가지 색깔로 가득 찬 아름다운 세상이 보였다. 구름 사이로 일곱 색깔 무지개도 피어 있었다. 다시 교내 방송이 나왔다.

"내일은 급훈을 바꾸는 날입니다. 각 반에서는 재미있는 아이디어를 내주시기 바랍니다."

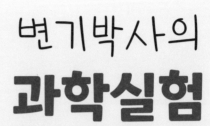

변기박사의
과학실험

나만의 독특한 머리카락 색깔을 찾아라!

사인펜으로 머리카락을
자신의 스타일대로 마음껏 그리고,
종이 아랫부분을 물에 담궈 보자.
머리카락 색깔이 어떻게 변할까?

준비물

도안, 가위, 그릇, 물
사인펜, 나무젓가락

활동1 미션 2 도안을 준비하고 선에 맞춰 자른다.

화장실 미션 2

머리카락은 무슨 색깔?

물 담그는 부분

가위로 종이를
자를 땐 손을
조심해야 해!

활동 2 사인펜으로 머리카락을 그린다. 머리카락을
그릴 때는 여러 방향으로 재미있게 그려 보자.

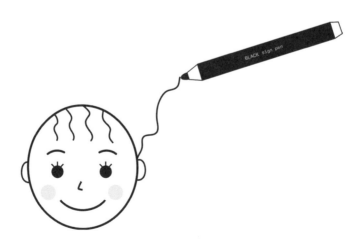

BLACK sign pen

활동 3 넓은 그릇을 준비하고 물을 $\frac{1}{3}$ 만큼 담는다.

도안이 들어갈 수
있는 크기의 그릇이면
뭐든 OK!

활동 4 도안을 그릇 안에 넣고 아랫부분을 담근다.
집게나 나무젓가락을 이용해서 종이가 똑바로
놓여 있게 한다.

화장실 미션 2
머리카락은 무슨 색깔?

물 담그는 부분

활동 5 도안 종이가 물을 흡수하면서 머리카락 색깔이
점점 변한다.

화장실 미션 2

머리카락은 무슨 색깔?

물 담그는 부분

우와!
검정색 사인펜에서
여러가지 색깔이
나와!

종이 재질에 따라
반응 속도가 달라질
수 있어~!

왜?
검은색 잉크에서 다른 색깔이 나타날까?

어떤
원리일까?

사인펜의 잉크는 여러 가지 색깔을 가진 물질이 섞여 있는 혼합물이랍니다. 이런 혼합물을 각각의 물질로 분리하는 실험이 바로 무지개 실험이에요.

종이에는 눈에 보이지 않은 미세한 틈이 많이 있어요. 물이 닿으면 모세관 현상으로 인해서 물이 흡수되지요. 사인펜

잉크는 종이 위에 묻어 있는데, 물이 닿으면 혼합된 물질이 물에 떠서 물이 이동하는 방향으로 함께 움직이게 돼요. 그중에서 무게가 많이 나가는 물질일수록 먼저 남게 되고, 가벼운 물질은 좀 더 멀리 물과 함께 이동해요. 무거운 물질과 가벼운 물질의 색깔이 각각 달라서 종이에는 색깔이 남게 되지요. 이런 혼합물을 분리하는 실험을 크로마토그래피라고 한답니다.

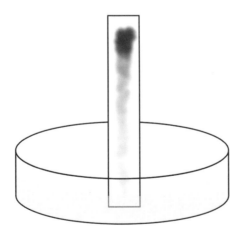

화장실 미션 2

머리카락은 무슨 색깔?

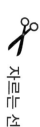

자르는 선

사인펜으로 직접 머리카락을 그려 보세요.

물 담그는 부분

되돌아오는 마법

"앗! 나비 배고프겠네~!
나비야, 밥 먹자! 나비야~!"

　동욱이는 아침부터 나비를 찾아 집 안 곳곳을 뒤지고
다녔다. 침대 밑, 소파 뒤, 식탁 아래…. 하지만 나비가
숨을 만한 곳을 모조리 뒤지고 다녀도 나비의 모습은
찾을 수 없었다. 동욱이는 점점 걱정이 되었다.

　"대체 어디로 간 거지? 다시 밖으로 나갔으면 어떡하지?"

　나비는 작년부터 동욱이가 키우고 있는 귀여운 고양이
다. 오늘처럼 비가 오던 날, 학원에 다녀오던 동욱이는 아
파트 화단 앞에서 오들오들 떨면서 울고 있는 나비를 처

음 보았다. 새끼 고양이가 비를 맞고 떨고 있는 모습이 너무 불쌍해서 동욱이는 비가 그칠 때까지만 돌봐주겠다고 엄마와 약속하고 나비를 집 안으로 데려왔다. 얼마나 굶었는지 따뜻하게 데운 우유를 주자 허겁지겁 먹던 나비는 새근새근 금세 잠이 들었다.

동욱이는 나비를 더 데리고 있고 싶었지만, 비가 그치고 난 다음 날 엄마와의 약속대로 화단에 나비를 다시 데려다주었다. 어쩌면 주인이 있을지도 모른다는 엄마

의 말씀 때문이었다. 하지만 그날도, 그다음 날도, 그다음 다음 날도 동욱이가 학원을 마치고 올 때까지 나비는 화단에 그대로 남아 울고 있었다. 결국 동욱이는 엄마 아빠께 나비를 잘 돌보겠다는 약속을 한 뒤에 당분간 키우는 것을 허락받았다. 혹시 주인이 다시 찾아올지도 모른다는 생각에 화단에 작은 푯말을 세워 두는 것도 잊지 않았다.

<귀여운 아기 고양이는 마음아파트 1층 101호에서 보호하고 있습니다.>

하지만 1년이 다 되도록 주인은 나타나지 않았고, 이제 나비는 동욱이네 가족이 되었다. 엄마와 아빠도, 나비를 마치 동욱이 동생처럼 귀여워해 주셨다. 동욱이도 약속한 대로 먹이와 물을 주거나, 장난감으로 놀아 주는 등 열심히 나비를 돌봐 주었다. 단, 가끔 게임을 하거나 친구들과 채팅을 하느라 여념이 없을 때는 빼고.

나비가 없어진 오늘은 동욱이가 방학을 맞아 친구들과 운동장에서 만나 축구를 하기로 한 날이었다. 약속을 잡느라 아침부터 채팅에 푹 빠져 있던 바람에 한참 지나서야 나비 생각이 난 것이다. 밥때가 지난 걸 떠올린 동욱이는 먹이통을 들고 나비를 불렀지만, 나비는 어디서도 나타나질 않았다.

어떡하지?
나비를 찾아 밥을 주고
나가야 하는데….

"띵동! 띵동!"

벌써 운동장에 모인 친구들은 동욱이가 언제 오는지 묻는 문자를 계속 보내고 있었다.

'으…, 친구들이 기다리니까, 일단 가야 하는데…. 그래, 뭐 별일 있겠어? 어디 숨어 있을 거야. 내가 여기 밥이랑 물 챙겨 뒀으니까 괜찮을 거야.'

동욱이는 애써 걱정하는 마음을 누르며 놀이터로 달려갔다. 이미 친구들은 편을 짜고 동욱이를 기다리고 있었다.

오케이! 좋았어!
오늘은 내가 골키퍼!
거미손이 다 막아 줄 테다~!

동욱이는 금세 친구들과 축구를 시작했지만, 사실 맘 속에서는 나비 걱정이 한가득하였다.

'나비는 대체 어딨을까? 내가 차려 놓은 밥은 먹었으려나?'

"피융~~, 텅!"

"아, 아깝다! 들어갈 수 있었는데!"

동욱이가 나비 생각을 한 사이 재석이가 찬 공이 골대를 맞고 튕겨 나가고 있었다.

"내가 공 주워 올게!"

나비 생각하느라 제대로 집중하지 못한 것 같아 미안한 마음이 들었던 동욱이는 재빨리 뛰어가 굴러가는 공을 집어 들었다. 그런데 그때!

"야옹~!"

분명 나비 울음소리였다! 동욱이는 공을 집어 든 채 나비 울음소리가 난 화장실 쪽으로 뛰어가 보았다. 하지만 나비 모습은 보이질 않았다. 혹시나 하는 마음에 화장실 안으로 들어가 보았지만 역시 나비는 그곳에 없었다.

"흑…, 나비가 길을 잃고 다시 못 돌아오면 어떡하지….”

갑자기 동욱이는 나비가 너무 걱정되어 눈물이 핑 돌았지만 얼른 눈물을 닦았다. 그리고는 다시 나비를 찾으러 밖으로 나가기 위해 화장실 문의 손잡이를 잡았다. 그런데 바로 그때! 화장실이 갑자기 덜컹덜컹 요동을 치며 금방이라도 부서질 것처럼 거세게 흔들리기 시작했다.

"어? 어! 이게 뭐야~?”

동욱이가 너무 무서워 소리를 질렀지만 누구도 구하

러 오지 않았다. 그리고 이제는 동욱이 몸이 어디론가

빨려 들어가기 시작했다.

"으아악~! 무서워~ 워… 워! 엄… 마…

마… 마….”

화장실 익스프레스~~~~!!

"야옹!"

나비 울음소리에 눈을 뜬 동욱이는 금세 자신이 이상한 곳에 있다는 걸 깨달았다. 주변엔 누가 접은 건지 여러 모양의 종이비행기들이 잔뜩 떨어져 있었고, 마치 그리스 신전에 온 것처럼 뾰족한 기둥이 여러 개가 서 있었다.

"야아~ 오옹~!"

동욱이가 주변을 두리번거리던 그때! 이번엔 좀 더 크게 나비의 울음소리가 들렸다. 소리 나는 쪽을 올려다보니, 나비는 기둥 중에서도 가장 높은 기둥 맨 꼭대기에 있는 게 아닌가!

"나비야! 거기를 어떻게 올라갔어? 조금만 기다려! 내가 구해 줄게!"

동욱이는 높은 기둥 위를 올려다보며 큰 소리로 말했다. 하지만 기둥이 워낙 높아서 어떻게 저 위로 올라갈지 방법이 떠오르질 않았다. 기둥을 잡고 위로 올라가려 했지만 얼마 못 올라가고 그대로 미끄러져 떨어지며 엉덩방아를 찧고 말았다.

"아야야, 내 엉덩이!"

거미줄을 쏘는 스파이더맨이 아닌 이상 붙잡을 곳 하나 없이 매끈한 기둥을 오를 방도가 없었다. 그런데 그때 어디서 왔는지 새로운 종이비행기가 동욱이 앞에 툭 하고 떨어졌다.

"어? 여기 글씨가 쓰여 있네?"

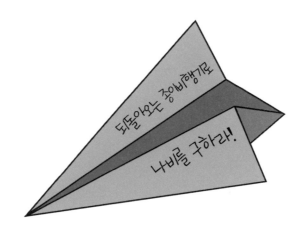

"되돌아오는 종이비행기로 나비를 구하라고? 근데 잠깐, 종이비행기는 앞으로 날아가는 거 아냐? 어떻게 부메랑처럼 되돌아오게 하라는 걸까?"

종이비행기를 많이 접어 보긴 했지만 되돌아오는 비행기는 한 번도 만들어 본 적이 없던 동욱이는 눈앞이 캄캄했다.

게다가 이제 나비가 올라가 있는 기둥들이 금이 가면서 부서질 것처럼 흔들리기 시작했다!

"아, 안 돼! 나비가 위험해! 으… 생각! 생각! 비행기가 되돌아오려면 날개 모양이 달라야 할 것 같은데…."

동욱이는 바닥에 떨어져 있던 종이비행기를 집어 날려 보았다. 역시 앞으로 날아가거나 빙글빙글 돌 뿐 되돌아오진 않았다.

"집중! 집중해 보자. 으…, 이것도 아니고…. 이건 막 회전을 하네…. 이것도 아니고…."

얼마나 많이 날린 건지 동욱이는 땀이 흠뻑 날 정도였다. 하지만 계속 던지면서 비행기가 날아가는 모양을 관찰했다. 그러던 순간!

"바로 저거야!"

동욱이는 방금 날린 종이비행기가 다시 기둥을 돌아오는 걸 보고 소리를 질렀다. 하지만 기뻐할 틈이 없었다. 기둥이 무너지기 전 나비를 구해야 하기 때문이다. 신중하게 종이를 접어 비행기를 만든 동욱이는 심호흡하며 마음을 가다듬었다.

"휴…, 이 비행기가 꼭 나비를 구하고 우리를 다시 집으로 돌려보내 줬으면 좋겠어! 되돌아와라 제발!"

동욱이는 크게 외치며 종이비행기를 힘차게 던졌다.

"슝~."

바람을 가르듯 날아간 종이비행기는 나비가 있던 기둥을 돌아 다시 동욱이에게 돌아오고 있었다. 너무 기

쁜 동욱이는 나비를 구했다는 생각에 눈물이 핑 돌았
다. 그런데 그때! 기둥이 다시 무너지기 시작했고 꼭대
기에 앉아 있던 나비가 동욱이를 향해 뛰어내리는 게 아
닌가!

"안 돼! 나비야, 위험해! 분명히 종이비행기가 되돌아
오면 널 구할 수 있을 거라고 했는데!"

"쿠쿠쿵~."

　동욱이가 정신을 차렸을 때는 친구들이 모두 모여 동
욱이를 내려다보고 있었다.

　"동욱아, 괜찮아? 미안. 그렇게 공이 너를 맞힐 줄은
몰랐어."

　친구들은 동욱이가 축구를 하던 중에 경수가 찬 공을
맞고 잠깐 기절을 했다고 했다.

"아야…, 괜찮아…. 그런데 나비! 그리고 종이비행기는 다 어디 갔지?"

"동욱아, 병원에 가 봐야 하는 거 아냐?"

걱정하는 친구들을 뒤로하고 동욱이는 서둘러 집으로 뛰어갔다. 공을 맞고 넘어진 건 하나도 아프지 않았다. 얼른 나비를 다시 찾을 생각뿐이었다. 그렇게 뛰어가던 중 현관 화단 앞에서 외출하고 돌아오는 엄마 아빠를 만났다. 그리고 나비는 화단에서 꽃과 나비를 보며 장난치며 놀고 있었다.

"나비야! 돌아왔구나~. 나비야!"

동욱이는 눈물을 글썽이며 나비를 끌어안았다.

"아까 동물병원 간다고 이야기했는데 못 들었어? 너 대답했는데~. 잠깐 나비를 밖에서 놀게 하고 있었지. 나비랑 조금만 놀고 들어와 밥 먹어~."

동욱이는 친구들과 채팅을 하면서 들은 말이 그제야

생각이 났다. 하지만 지금은 그저 나비가 무너지는 기둥 속에서 무사히 돌아온 게 너무 기뻤다. 그 일은 너무 생생해서 꿈인지 생시인지 많이 헷갈렸지만 지금은 화단에서 나비랑 같이 놀 수 있어서 다행이라는 생각뿐이었다.

"나비야 미안. 이제 밥 챙기는 거 절대 잊지 않을게. 진짜 약속! 이렇게 돌아와 줘서 정말정말 다행이야! 그리고 이거 봐라! 내가 종이로 부메랑 비행기도 만들었어. 슝~!"

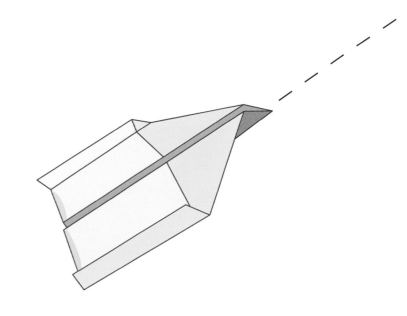

변기박사의
과학실험

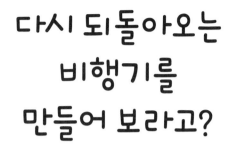

다시 되돌아오는
비행기를
만들어 보라고?

힘차게 날렸을 때 되돌아오는 종이비행기를
만들어 보자. 종이 한 장으로 되돌아오는
부메랑을 만들 수 있다. 연습은 필수!

준비물

종이비행기 도안

변기박사의
과학실험

활동 1　종이비행기 도안을 준비한다.

활동 2　세로로 가운데를 접었다 편다.

활동 3   점선으로 되어 있는 접는 면 부분을 가로로 접는다.

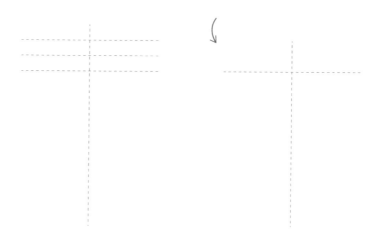

활동 4   같은 방법으로 두 번 더 접는다.

활동 5   접은 부분을 삼각형으로 접는다.

활동 6   반을 접은 다음, 앞은 2cm, 뒷부분은 3cm가
되도록 날개를 접는다.

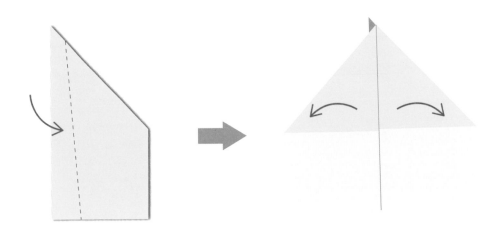

활동 7　날개 양 끝을 1cm 크기로 접어 올린다. (윙렛)

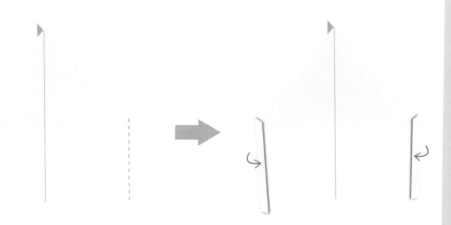

활동 8　날개 뒷부분을 위로 올린다. (엘리베이터)

활동 9 비행기를 옆으로 밀 듯 날리면 다시 되돌아온다.

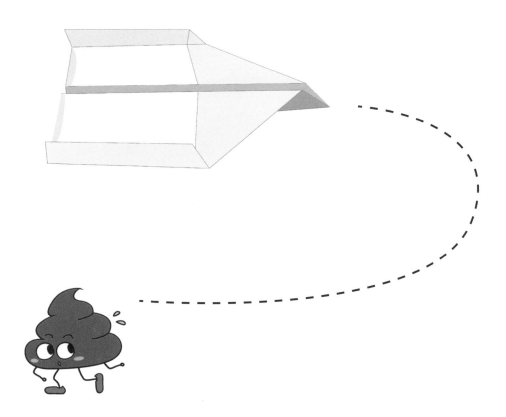

왜?
종이비행기가
다시 돌아올까?

어떤
원리일까?

비행기가 하늘을 나는 건 공기의 힘 때문이

에요. 우리 눈에 보이진 않지만 공기는 우리 주변을 둘러싸

고 있어요. 비행기가 공기를 빠르게 가로지를 때는 아래

에서 위로 밀어 올리는 힘이 더 커져서 위로 뜨게 되지요.

종이비행기도 이러한 공기의 힘 때문에 하늘을 날 수 있어요. 이때 날개의 모양이나 각도 등을 조절하면 하늘을 날면서도 빙빙 돌거나 되돌아오는 등의 색다른 비행기를 만들 수 있답니다.

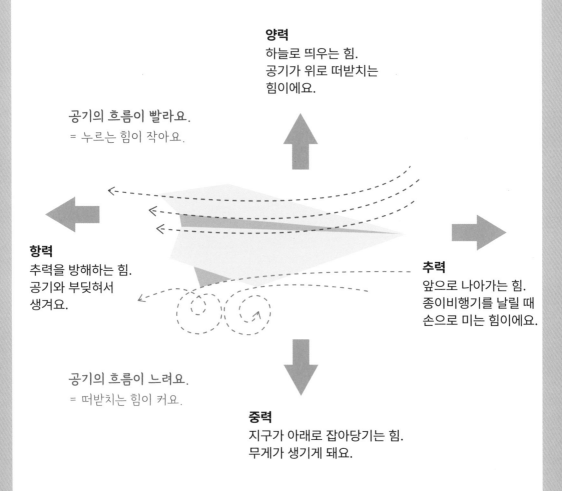

양력
하늘로 띄우는 힘.
공기가 위로 떠받치는 힘이에요.

공기의 흐름이 빨라요.
= 누르는 힘이 작아요.

항력
추력을 방해하는 힘.
공기와 부딪혀서 생겨요.

공기의 흐름이 느려요.
= 떠받치는 힘이 커요.

추력
앞으로 나아가는 힘.
종이비행기를 날릴 때 손으로 미는 힘이에요.

중력
지구가 아래로 잡아당기는 힘.
무게가 생기게 돼요.

화장실 미션 3

되돌아오는 비행기 만들기

내가 버린 휴지 한 장

"쿠앙~~! 쿨럭쿨럭~~. 쿠앙~~!"

"악! 괴물이다~! 살려 주세요~!"

경수는 큰 소리로 비명을 지르며 잠에서 깼다.

검은 물이 경수를 삼켜 버리겠다며 쫓아오는 무서운 꿈이었다. 얼마나 무서웠는지 잠에서 깼을 때 이마에 땀까지 흘리고 있었다.

"휴~. 다행이다. 꿈이었어. 진짠 줄 알고 엄청 무서워했는데…."

"악! 벌써 시간이! 엄마, 미워! 안 깨워 주고!"

경수는 엄마에게 툴툴거리며 화장실로 들어갔다. 엄마는 경수가 4학년에 올라가자 이제는 아침에 깨워 주지 않겠다고 선언하셨다. 고학년은 스스로 일어날 수 있어야 한다는 말씀이셨다.

하지만 사실 경수도 알고 있었다. 매일 아침 경수를 깨워 주시던 엄마가 경수가 밤에 이불 속에서 휴대전화 게임을 하느라 늦게 자는 버릇을 못 고치자 다른 방법을 쓰기로 했다는 걸 말이다.

부랴부랴 화장실에 들어간 경수는 얼굴에서부터 머리까지 물로 대충 씻으며 세수를 마쳤다. 그리고 물을 닦아 내려 했는데, 이런! 수건이 없다. 화장실 장을 열어 봐도 휴지만 가득 들어 있고 수건이 없었다. 일부러 안 깨워 준 엄마에게 뿔이 난 경수는 수건을 가져다 달라고 말하고 싶지 않았다. 그래서 휴지를 둘둘 풀어서 얼굴도 닦고 손도 닦고

발도 닦았다.

그렇게 닦아 낸 화장지를 변기 안에 던져 놓고 부랴부랴 물을 내린 경수. 방으로 뛰어 들어가 가방을 들고나오며 식탁 위 우유 하나를 챙긴 뒤 학교 다녀오겠다고 인사를 하는데 화가 잔뜩 난 누나의 목소리가 들렸다.

"고경수!!! 화장지를 대체 얼마나 변기에 넣은 거야. 변기가 막혔잖아!"

"그러니까 누나라도 날 좀 깨워 주지. 메롱~!"

누나한테 잡힐까 봐 숨을 헐떡거릴 정도로 뛴 덕분에 경수는 지각하지 않고 학교에 도착했다. 수업이 시작하려면 무려 10분이나 남아 있었다! 당장이라도 어젯밤에 못 끝낸 게임을 이어서 하고 싶었지만, 아뿔싸! 급하게 나오느라 휴대전화를 놓고 오고 말았다.

"에이, 괜히 일찍 왔네. 심심하게…. 운동장까지 가서 놀기엔 시간이 짧은데."

그때 교실 뒤 캐비닛 위에 놓여 있는 두루마리 휴지가 눈에 띄었다.

"얘들아, 화장지로 축구 경기할까?"

　경수는 공 대신 두루마리 휴지를 발로 차며 친구들과 놀기 시작했다. 화장지가 풀리면서 굴러다녔는데 그게 더 재밌었다. 회장이 다가와 아깝게 쓰지도 않은 화장지로 그러면 어떡하냐고 말했지만 퉁명스럽게 말해 버렸다.

　"뭐 어때? 어차피 화장지는 흔하잖아!"

　그런데 이때, 갑자기 배가 아파지기 시작했다. 수업이 시작되기 5분 전이었다.

"구르륵…, 구르륵….'

"아침에 우유를 너무 급하게 먹었나. 윽… 아… 배 아파! 도저히 못 참겠다!"

경수는 부랴부랴 화장실로 뛰어 들어갔다. 큰 사고를 치기 전 다행히 변기에 볼일을 보고 물을 내리니 정말 살 것 같았다. 그리고 역시나 집에서처럼 화장지를 둘둘 풀어서 가득 변기에 넣어 버렸다.

"어차피 화장지는 흔하디 흔하다고!"

그리고 다시 물을 내리는데…. 변기가 막혔는지 물이 내려가지 않고 점점 차오르고 있는 게 아닌가!

"막혔나? 아이참…, 한 번 더 물을 내려 볼까?"

경수는 제발 물이 내려가길 바라며 한 번 더 변기의 물내림 버튼을 내렸다. 그런데 이번엔 변기가 쿵쾅거리며 요동치기 시작했다. 그 진동은 점점 커져서 화장실 전체가 흔들린다고 느껴질 정도였다.

"뭐⋯, 뭐지? 지진이라도 난 건가? 아⋯, 무서워! 얼른 교
실로 가야겠어. 변기 막힌 건 뭐 어떻게든 되겠지."

경수는 흔들리는 화장실 칸에서 얼른 교실로 돌아가고 싶
은 마음에 문손잡이를 잡았는데⋯.

"으아아아~~~. 나 빨려 들어간다~~."

"화장실 익스프레스~~!"

경수가 간신히 눈을 떴을 때 그 앞에는 거대한 분수대가 있었고, 분수대에서는 쉼 없이 물이 뿜어져 나오고 있었다.

"으…, 차가워…. 대체 여긴 어디지?"

분수대의 물이 얼굴에 튀는 바람에 가까스로 정신을 차린 경수는 이곳 분수대 모양이 좀 이상하다고 생각했다. 돌돌 말린 거대한 휴지가 빙글빙글 돌고 있는 모양이랄까? 그리고 그 위에는 거꾸로 매달린 듯한 거대한 물병이 빙글빙글 돌고 있는 거대한 휴지 위로 계속 물을 쏟아 내고 있었다. 거대한 휴지는 물에 젖어 흐물흐물해지고 있었지만 쏟아져 내리는 거대 페트병의 물줄기가 강해서 마치 폭포처럼 보이기도 했다.

"뭐야? 저 위에 매달린 건 꼭 페트병처럼 생겼는데 계속 물이 쏟아져 내리네…. 화장실에 걸려 있는 휴지가 흠뻑 젖은 것 같기도 하고…. 앗! 차가워!"

분수의 희한한 모습을 좀 더 들여다보려 했던 경수는 신

발에 물이 들어오기 시작했다는 걸 알아차렸다. 분수대에서 물이 계속 흘러넘치고 있었던 것이다! 그러고 보니 이 분수대 광장 전체는 마치 거대한 방처럼 사방이 막혀 있었다. 다른 쪽으로 나 있는 길이라고 생각해서 가까이 가 봤지만 사실은 벽에 그려진 그림이었다.

"에이, 뭐야? 여기 그럼 막힌 방인 거야? 잠깐만···. 분수대에서는 물이 계속 나와서 흘러넘치고 있고, 사방은 막혀 있고, 창문도 없으니···! 나 갇힌 거야? 헉! 물이 발목까지 벌써 차올랐잖아!"

경수가 분수대 광장을 둘러보는 사이 어느새 물은 경수의 발목을 지나 무릎까지 차오르고 있었다. 분수대를 끄는 장치라도 있나 사방을 찾아봤지만 그 어떤 장치도 찾을 수 없었다.

"악! 큰일 났네! 아냐! 이건 꿈일 거야!"

경수는 제발 꿈이길 바라며 볼을 꼬집어 봤지만 아프기만

할 뿐 잠에서 깨어나진 않았다. 그러자 무서운 생각이 든 경수는 갑자기 눈물이 날 것 같았다. 눈물이 나면서 콧물까지 흘렀다.

주머니를 뒤져 휴지 한 장을 꺼내 콧물을 닦던 그때! 경수의 눈에 물 위를 둥둥 떠다니는 휴지 조각들이 눈에 들어왔다. 그 옆에는 페트병도 둥둥 떠다니고 있었다. 그리고 그중 하나의 휴지에는 뭔가 글자가 적혀 있는 게 아닌가!

〈화장실 익스프레스 미션〉
이 휴지는 네가 그동안 함부로 변기 속에 버린 그 휴지다.
이 젖은 휴지 한 장으로 물을 막고 분수대 광장을 탈출하라.
만약 실패한다면?
너는 영영 이 분수의 방에 갇힐 것이다.

경수는 눈앞이 캄캄해지고 말았다. 물은 이미 무릎을 넘어 허벅지까지 위로 올라오는데, 페트병에서 쏟아지는 물을 막아 내라니 도저히 아무런 방법이 생각나질 않았다.

"약한 휴지 한 장으로 어떻게 저 거대 페트병을 막을 수 있지? 분명 물에 젖으면 다 찢어지고 녹아내릴 텐데⋯."

당황하던 경수는 물 위에 둥둥 떠다니는 또 한 장의 휴지를 발견하고 재빨리 건져 올렸다. 거기엔 힌트가 적혀 있었다.

〈힌트〉
물의 힘을 믿어라.
휴지 한 장의 소중함을 기억하라.

"물의 힘? 물이 힘?"

허리까지 차오른 물 때문에 경수는 더는 망설일 시간이 없었다. 빨리 뭐라도 해야만 했다. "물은 위에서 아래로 떨어지고…. 또 물이 흐르면서 그 힘으로 계곡도 만들어지고…. 아…, 또 뭐더라…. 그래! 물 분자끼리는 서로 잡아당기는 힘이 있다고도 했는데…. 그래서 물방울이 볼록하다고…. 잘난 척 대마왕 누나가 말했어! 그래, 바로 이거야!"

경수는 중학생 누나가 이야기해 주었던 물의 표면장력이 떠올랐다. 누나는 물방울이 동그란 모양인 이유가 바로 물 분자들끼리 서로 잡아당기는 힘이 있어서라고 잘난 척을 하면서 이야기했었다.

어느새 물은 경수의 가슴까지 차오르고 있었다. 이제 정말 주어진 문제를 해결하고 이 분수대 광장을 탈출해야만 했다. 경수는 주머니에 있던 마지막 휴지 한 장을 꺼냈다. 그리고는 물에서 건진 페트병에 물을 가득 담고 그 입구를 휴지로 막았다.

"휴~. 이제 도전!"

경수는 떨리는 마음으로 페트병을 뒤집으며 눈을 질끈 감았다. 물이 쏟아질까 봐 땀이 나고 손이 덜덜 떨렸다. 도저히 감은 눈을 뜰 용기가 나지 않았다.

'어? 물이 쏟아지던 소리가 줄어들고 있어!'

경수가 조심스레 눈을 뜨자, 실험은 대성공! 휴지 한 장이 병의 물을 쏟아지지 않게 막고 있었다!

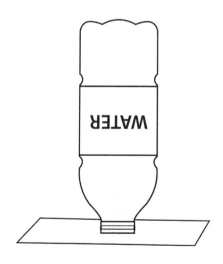

"휴지의 힘이 정말 대단하네!"

경수는 휴지가 너무 소중하게 느껴지며 눈물이 핑 돌기까지 했다. 그런데 바로 그 순간, 다시 거대 페트병에서 거대한 물살이 쏟아져 나오며 경수를 휘감았다.

"으아아아~, 뭐야~, 실험 성공했는데~~! 으아아아~~~!"

"고경수! 고경수!"

선생님께서 이름을 부르시는 소리에 경수는 화들짝 잠에서 깼다. 너무 놀란 나머지 자리에서 벌떡 일어나기까지 했는데, 친구들의 낄낄거리는 소리를 듣고 나서야 경수는 다시 교실로 돌아왔다는 걸 알 수 있었다.

'휴~. 살았다! 그런데 꿈이었나?'

경수는 꿈인지 생시인지 지난 일이 도무지 믿어지지 않았다. 하지만 무사히 돌아왔다는 생각에 기쁜 마음이 들었다.

"경수, 일어난 김에 오늘의 주제인 '소중함'에 대해 이야기해 볼까?"

"네! 화장지가 소중합니다!"

"화장지는 흔하고 약해 보이지만 사실 소중한 자원인 나무로 만들어졌고, 게다가 힘도 엄청나게 세서 소중하게 아껴야 한다고 생각합니다. 화장지의 힘은 제가 페트병 실험으로 보여 드릴게요!"

'그나저나 정말 꿈이었을까? 분명 물살이 쏟아져 나올 때 화장실 익스프레스란 말을 들은 것 같은데…'

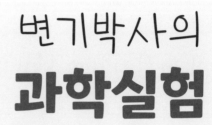

변기박사의
과학실험

휴지 한 장으로 물이 쏟아지지 않게 막아라!

 종이 한 장으로 페트병에서 물이 쏟아지지 않게 해 보자! 물이 담긴 페트병, 종이 한 장만 있으면 준비 끝!!

준비물

500ml 페트병, 물, 도안

활동1   500mL 빈 페트병을 준비한다.

생수병,
콜라병, 사이다병
아무거나 상관없어!

활동2   이 페트병에 물을 가득 채운다.

물은 반드시
입구까지 가득!!
채워야 해~.

활동 3   종이 도안을 잘라 페트병 입구를 막는다.
종이가 페트병 입구의 물에 닿아 젖으면서
달라붙는다.

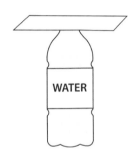

활동 4   종이가 달라붙어 있는 페트병을 거꾸로 한 번에
뒤집는다.

실패하면 물이 쏟아질
수 있으니,
수조나 큰 그릇 안에서
실험하면 좋아!

변기박사의
과학실험

활동 5 실험 성공! 얇은 종이 한 장으로 막힌 페트병
에서 물이 쏟아지지 않는다.

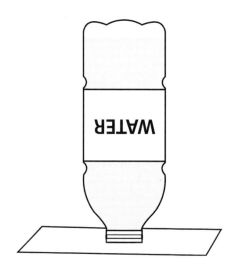

우와~,
얇은 종이 한 장이
물을 막고 있어!!

왜?
물이 쏟아지지
않는 걸까?

어떤
원리일까?

물 분자들은 서로 잡아당기는 힘이 있어요. 그

래서 페트병 안에 있는 물 분자들은 사방에서 서로 잡아

당기는 힘을 받아요. 하지만 페트병 입구처럼 표면에 있는

물 분자들은 액체 안쪽으로만 힘을 받게 되는데 이걸 '표

면장력'이라고 해요. 이런 힘 때문에 휴지처럼 얇고 약한

재료로 입구를 막아도 물이 쏟아지지 않을 수 있어요.

휴지만이 아니라 얇은 스타킹이나 양파 망과 같은 걸 이

용해도 물의 표면장력 때문에 물이 쏟아지지 않는 걸 확

인할 수 있답니다.

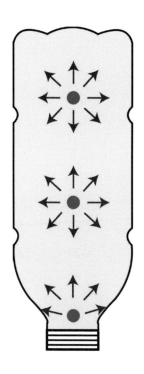

화장실 미션 4

물 막는 마술 카드

에피소드 #5

냐옹몬의 시곗바늘

"드르렁~, 드르렁~, 퓨~! 음냐음냐, 잡았다! 냐옹몬! 음냐음냐….."

"삐비비빅! 삐비비빅! 삐비비빅!"

"김엘리! 일어나야지! 아까 일어난 줄 알았는데 아직도 자는 거니? 엘리!"

엘리는 오늘도 학원에 지각이다. 매일 잠들기 전에는 다음날 일찍 일어나겠다고 다짐을 하지만 매번 눈을 뜨면 어느새 시간이 훌쩍 지나 있었다.

"설마 너 어젯밤에 또 게임을 더 하다 잔 건 아니지?! 방학이라고 너어~!"

서둘러 식탁에 앉고 보니 오늘은 엄마의 눈초리가 그 어느 때보다 따갑다. 어젯밤에 분명 딱 30분만 게임을 하고 자겠다고 허락을 받았지만, 사실 2시간 가까이 게임을 하느라 늦게 잠들었기 때문이다.

"근데 엄마, 학원에 꼭 정해진 시간에 가야 해요? 조금 늦는다고 큰일 나는 것도 아닌데…. 그리고 게임에서 괴물을 잡다 보면 시간이 금방금방 지나간다고요. 30분은 너무 짧은데…."

"엘리 너! 약속이 얼마나 중요한 건데, 자꾸 그렇게 약속 안 지킬래?"

"으엉마 조승하여…! 학꾜 다뉘어오것슴다~."

엘리는 엄마의 눈이 점점 삼각형처럼 뾰족해지는 걸 보고 엄마의 화가 머리끝까지 차오른 걸 알 수 있었다. 엄마의 화가 폭발하기 전에 얼른 식탁 위의 빵을 입에 가득 물고 인사를 하고는 허겁지겁 가방을 메고 집을 나섰다.

"휴~. 오늘 진짜 혼날 뻔했네!"

"삐빅!"

허겁지겁 나와 길을 걸으며 한숨 돌리고 있을 때 엘리의 휴대전화에서 알림음이 들렸다.

엘리는 요즘 한창 몬스터를 찾는 게임에 빠져 있었다. 특히 새로 나온 냐옹몬은 귀여운 생김새부터 거대한 몸집과

우와! 몬스터다!

앙증맞은 걸음걸이, 불을 뿜는 스킬까지 모두 다 마음에 들었다. 하지만 냐옹몬을 잡는 건 쉽지 않아서 많은 시간을 써야 했고, 그러다 보니 종종 약속을 어기기 일쑤였다. 어젯밤에도 결국 새로 나온 냐옹몬2를 못 잡고 잠들고 말았는데, 바로 지금! 그 냐옹몬2가 이 근처에 있다고 알람이 뜬 게 아닌가!

"오예! 냐옹몬2 기다려! 아, 저기 구민 체육관 쪽에 가면 냐옹몬2를 잡을 수 있겠는걸? 얏호!"

엘리는 그 어느 때보다 신이 났다. 냐옹몬2는 그야말로 최고로 인기 있는 몬스터라서 찾으면 인기 레벨을 금세 올릴 수 있기 때문이다. 휴대전화의 시계는 학원 수업 시간이 5분밖에 남지 않았다고 알려 주고 있었지만, 엘리는 보고도 크게 신경 쓰이지 않았다.

"딱 10분만 늦게 갈 건데 뭐~. 10분 정도는 별 거 아니야!"

그런데 바로 그때, 어디선가 가장 친한 학교 친구이자 학원 친구인 우영이 목소리가 들려왔다.

"야! 김엘리! 너 왜 이제 와?"

고개를 들어 보니 학원으로 올라가는 길 쪽에서 우영이가 화난 얼굴로 서 있었다.

"너 잊었어? 우리 오늘 학원 가기 30분 전에 만나서 떡볶이 먹고 가기로 했잖아. 나 지금까지 기다렸단 말이야!"

아뿔싸! 엘리는 그제야 우영이와 어제 학원 끝나고 헤어지면서 한 약속이 떠올랐다. 약속이 12시 30분이었는데, 시계는 이미 12시 55분을 지나가고 있었다.

"우… 우영아, 내가 깜빡했어! 그런데 내가 지금 냐옹몬2를 꼭 잡아야 해서 잠깐 다녀와야 하는데 좀 있다 이야기하면 안 될까?"

이 와중에도 엘리는 냐옹몬2 생각이 먼저 났다. 우영이를 25분 넘게 기다리게 한 것보다 왠지 나옹몬2가 사라질까 봐 그게 더 걱정됐다. 다시 체육관 쪽으로 몸을 틀어 걸음을 떼려는 순간.

"김엘리! 곧 수업 시작인데 어디 가니?"

큰일 났다! 학원 과학 선생님이 문 앞까지 나와 엘리를 보고 있는 게 아닌가! 선생님 옆에 서 있는 우영이는 화가 너무너무 많이 나서 얼굴이 빨개질 정도였다. 그런데 그때!

아직도 학원에 안 간 거니?
지금이 몇 시인데!

이번엔 엄마였다! 설상가상으로 시장을 가려고 나온 엄마가 엘리와 우영이, 학원 선생님의 모습을 본 것이다! 엘리는 이제 정신을 차릴 수가 없었다.

'으…, 어떡하지? 내가 지각하고 약속을 어기는 바람에 난리가 났네. 아…, 어디로 피하고 싶은데!'

엘리는 뒤죽박죽이 된 이 상황을 일단 피하고 싶었다. 그래서 가까운 체육관 쪽으로 뛰어가기 시작했다. 그 뒤로 엘리의 이름을 부르는 선생님과 엄마, 그리고 우영이의 목소리가 따라왔다.

'우선 잠깐 화장실로 숨자!'

곤란한 상황을 피하고만 싶었던 엘리는 체육관 화장실로 들어가 문을 잠갔다. 시간을 안 지킨 게 죄송하고 미안하면서도, 괜히 억울하기도 했다.

"크게 늦은 것도 아닌데, 왜 다들 나한테 뭐라고 하는 거야! 치!"

엘리의 말이 끝나자마자 갑자기 화장실 변기가 덜컹거리기 시작했다. 놀란 엘리는 문을 열고 다시 나가려고 했지만 무슨 일인지 문은 꽉 잠겨서 열리질 않았다. 그러는 사이 변기는 더욱 크게 흔들리면서 화장실 전체, 그리고 체육관 전체가 흔들리는 것처럼 요동치기 시작했다.

"화장실 익스프레스~~!"

"아…, 이게 무슨 일이지? 지진이라두 난 건가? 엄마, 신생님, 우영아! 나 좀 구해 줘요~~!"

"야옹~~! 야옹~~!"

고양이 울음소리에 엘리가 겨우 눈을 떴다.

"이제 지진은 멈춘 건가….'

화장실 문을 슬쩍 열고 밖을 내다봤다. 엘리 눈앞에는 믿기지 않는 광경이 펼쳐져 있었다. 해가 쨍쨍 내리쬐는 운동장 같은 곳에 사방에 다양한 모양의 시계들이 널려 있었는데, 그 한가운데에 그토록 게임 속에서 만나고 싶었던 냐옹몬2가 있는 게 아닌가!

아주 거대한 고양이의 모습을 한 냐옹몬2는 머리 위로 솟아있는 세 가지 색깔의 보드라운 털이 게임 속에서 보던 모습 그대로였다. 그리고 목에는 게임에 없던 거대한 시계 목걸이가 걸려 있었다.

"우와~~~, 진짜 멋지다아~!"

엘리는 냐옹몬2를 좀 더 가까이에서 보고 싶어 다가갔다. 바로 그때 갑자기 냐옹몬2가 엘리를 향해 야옹거리며 불을 내뿜었다. 게임 속에서 봤던 냐옹몬2의 필살기였다. 깜짝 놀란 엘리는 바위 뒤에 간신히 숨으며 소리쳤다.

"왜 그래? 통닭구이가 될 뻔했잖아!"

실제로 바위는 온통 검게 그을린 상태였다. 깜짝 놀라 묻는 엘리에게 냐옹몬2는 이번에는 온몸의 털을 곧추세우며 위협하는 소리를 내기 시작했다. 그리고는 점점 엘리를 향해 다가오는 게 아닌가! 워낙 거대한 냐옹몬의 몸집 때문인지 바람이 일어날 정도였다.

"에취! 에에에~~~~, 취!!!!"

그 바람 때문인지 냐옹몬2의 털 때문인지 엘리는 재채기가 나왔다. 그런데 바로 그때! 엘리가 재채기를 하자 검게 그을린 바위에서 먼지가 날리면서 글씨가 나타나는

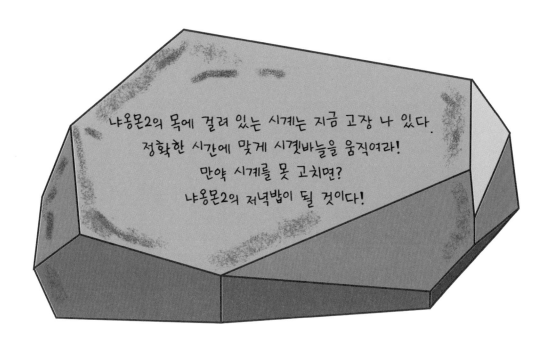

냐옹몬2의 목에 걸려 있는 시계는 지금 고장 나 있다.
정확한 시간에 맞게 시곗바늘을 움직여라!
만약 시계를 못 고치면?
냐옹몬2의 저녁밥이 될 것이다!

게 아닌가.

"으~. 거대한 냐옹몬2의 저녁밥이 되긴 싫은데! 지금이

몇 시더라?"

엘리는 그렇게 사랑스럽던 냐옹몬2가 비로소 무서워 보

이기 시작했다. 허겁지겁 휴대전화를 찾았지만 무슨 일인지

휴대전화는 꺼져 있고 버튼을 눌러도 다시 켜지지 않았다.

"시계가 없는데 무슨 수로 시간을 알아내지?"

엘리는 점점 초조해지기 시작했다. 거대한 냐옹몬2는 한 자리에서 꼼짝 않고 있었지만, 다시 필살기인 불꽃을 준비하고 있는 것 같았다. 그 사이 시간이 흘렀는지 거대한 그림자는 더 길어져 있어서 그림자만 봐도 다리가 후들거릴 지경이었다. 그 바람에 엘리는 엉덩방아를 찧으며 넘어지고 말았다. 그러면서 엘리 가방에 들어 있던 학용품들이 우르르 쏟아졌다.

'종이, 연필, 지우개, 나무 막대기, 나침반…. 오늘 과학 시간에 쓸 준비물들인데…. 그래! 바로 그거야! 그림자!'

학용품과 냐옹몬2의 그림자를 번갈아 바라보던 엘리는 하늘 위 해를 올려다보며 소리쳤다!

"해시계! 해시계를 만들어서 시간을 알아내는 거야! 지구는 하루에 한 번 자전하고, 그래서 태양은 동쪽에서 떠서 서

쪽으로 지는 거야. 이렇게 하늘에서 태양의 위치가 변하니까 그림자의 방향도 달라지지…."

엘리는 냐옹몬2를 중심으로 거대한 해시계를 바닥에 그리기 시작했다. 냐옹몬2의 그림자가 시침이 되어 주었고,

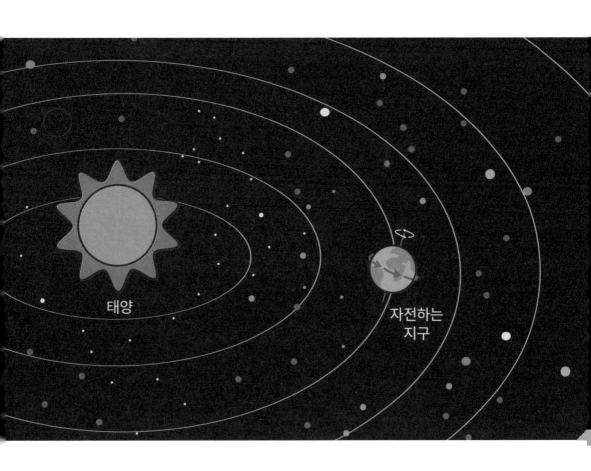

태양

자전하는
지구

나침반을 이용해 방향도 찾을 수 있었다. 운동장을 가득 채울 만큼 커다란 해시계를 만드느라 엘리는 땀으로 범벅이 되었다. 그렇게 냐옹몬2 해시계가 완성되고 그림자가 가리키는 곳을 보니···.

"지금은 1시! 1시야!"

"철컥!"

엘리가 큰 소리로 시간을 말하자 냐옹몬2의 목에 걸린 시곗바늘이 저절로 움직이더니 1시를 가리키며 멈췄다. 그런데 이번엔 냐옹몬2의 눈에서 빛이 나기 시작하면서 강력한 필살기가 또 뿜어져 나오는 게 아닌가!

"지금은 1시, 1시라고~. 나 학원 갈 시간이라고! 나 시계 고쳤다고~!"

엘리는 억울하고 무서운 마음에 눈을 꼭 감고 크게 소리를 질렀다.

"야, 김엘리! 나도 알아 지금 1시라는 거. 그런데 너 오늘 안 늦었다! 지금 딱 정확하게 왔어. 얼른 들어가자!"

정신을 차리고 보니 어느새 엘리는 학원 앞에 서 있었다. 그리고 단짝 친구인 우영이가 웬일로 지각하지 않았다고 칭찬하며 손을 잡아끌고 있었다. 정말 휴대전화를 보니 정확히 학원 수업이 시작되는 1시였다.

"그⋯, 그러엄~. 나 이제 절대 안 늦을 거야! 게임도 줄일 거야. 약속도 꼭 지킬 거라고!"

"오! 좋았어, 내 친구! 그럼 우리 이따 학원 끝나고 냥이 떡볶이집에서 떡볶이 먹고 가자. 어때?"

"조⋯, 좋아! 약속! 하하!"

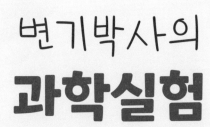

변기박사의
과학실험

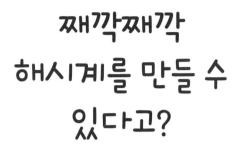

째깍째깍
해시계를 만들 수
있다고?

시계가 없을 땐 해시계를 만들어 보자!
간단한 도안과 학용품만으로도 충분히
해시계를 만들어 시간을 알 수 있다.

준비물

도안, 칼, 가위, 펜

활동1 해시계 도안을 잘라서 준비한다.

활동 2 작은 도형을 잘라서 선을 따라 접어 준다.

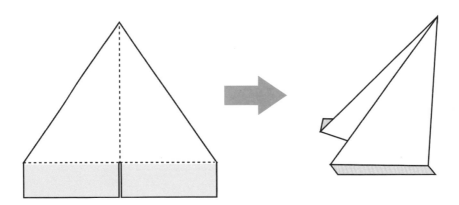

활동 3 접은 도형을 도안에 끼워서 세워 준다.

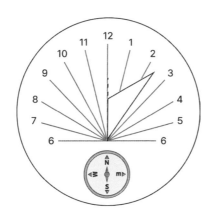

가운데 점선을
칼로 조심조심
그어 주고, 접은
도안을 넣어요.

활동 4 햇빛이 잘 드는 곳에 해시계를 놓고 방향을 맞춰 준다.

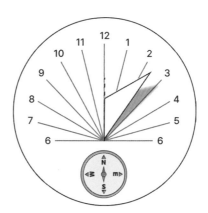

활동 5 현재 시각과 맞는지 비교해 본다. 한 시간
뒤에도 시간이 맞는지 서로 비교해 본다.

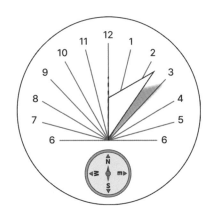

해시계 방향은
반드시 북쪽을
향하게 해야 해~.

오오오~,
그림자와 시계가
시간이 같아!

왜?

그림자를 이용하여
시간을 잴 수 있을까?

?

어떤
원리일까?

우리는 매일 동쪽에서 해가 뜨고 서쪽으로 해

가 지는 것을 볼 수 있어요. 이것은 지구가 태양을 바라보

며 하루에 한 번씩 제자리를 도는 자전을 하기 때문이랍

니다. 이렇게 매일 하늘에 떠 있는 태양의 위치는 시각

에 따라 변하고, 그에 따라 지구에 있는 물체의 그림자

도 달라져요. 이 그림자의 변화를 이용해 시각을 알 수 있게 한 것이 해시계예요.

해시계를 만들 때는 방향을 아는 것이 매우 중요해요. 나침반을 이용해 정확히 북쪽(N)을 찾고, 해시계에 있는 북쪽을 같은 방향으로 맞추어야 정확한 시각을 알 수 있기 때문이에요.

세계에서 가장 오래된 해시계는 약 3500전에 이집트에서 만들었다고 알려져 있어요. 우리나라에서 만든 해시계로는 약 600년 전 조선 시대에 세종대왕과 장영실이 만든 앙부일구가 있답니다.

*사진 출처:국가유산청 국가유산포털

화장실 미션 5

해시계 만들기

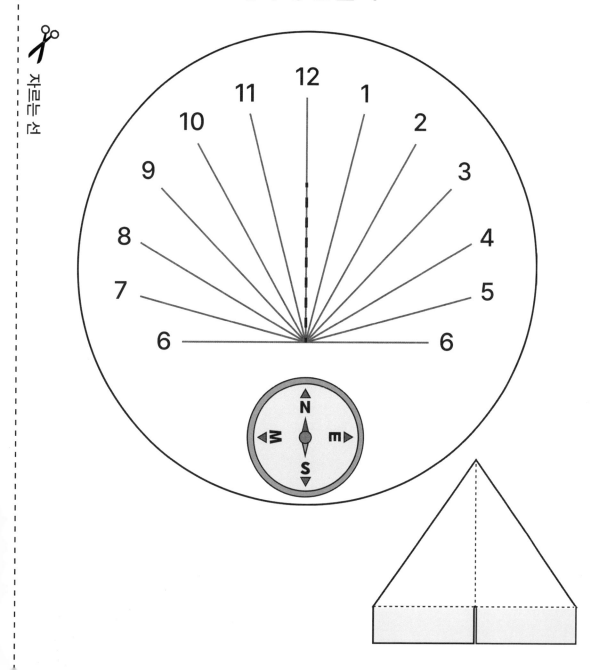